家装详解 参考大全

2000例

◎本书编委会／编著

玄关 走廊 餐厅

中国轻工业出版社

图书在版编目（CIP）数据

家装详解参考大全2000例. 玄关、走廊、餐厅／《家装详解参考大全2000例》编委会编著.—北京：中国轻工业出版社，2012.2

ISBN 978-7-5019-8538-8

I.①家… Ⅱ.①家… Ⅲ.①住宅-门厅-室内装修-建筑材料-图集②餐厅-室内装修-建筑设计-图集 Ⅳ.①TU767-64

中国版本图书馆CIP数据核字（2011）第233274号

责任编辑：安雅宁　　责任终审：劳国强　　封面设计：许海峰
策划编辑：安雅宁　　责任监印：马金路　　版式设计：许海峰

出版发行：中国轻工业出版社（北京东长安街6号，邮编：100740)
印　　刷：北京昊天国彩印刷有限公司
经　　销：各地新华书店
版　　次：2012年 2 月第 1 版第 1 次印刷
开　　本：889×1194　　1/16　　印张：6
字　　数：130千字
书　　号：ISBN 978-7-5019-8538-8
定　　价：28.00元

邮购电话：010-65241695　　传真：65128352
发行电话：010-85119835　　85119793　　传真：85113293
网　　址：http://www.chlip.com.cn
Email：club@chlip.com.cn
如发现图书残缺请直接与我社邮购联系调换
110615S5X101ZBW

编辑推荐语

在家居装修中，家装材料是实现家居使用功能和装饰效果的必要条件，是整个装修过程中的核心要素。同时，家装材料也是装修预算中最大部分的支出。材料选择的正确与否直接关系到装修的最终效果与费用开支。对于大多数人来说，用什么材料表现什么样的效果，何种材料适合用在哪个功能空间等这些实际问题都没有一个基本的认识，只能盲目追求潮流或听从设计师的摆布。

鉴于此，我社先后出版了《家居材料注释细节1000例》以及《新家居材料注释细节1000例》系列图书，各分5本，每套书中涵盖了1000多个装修案例，在细节上做了细致的讲解，在文字上也做了详尽的补充说明，因此得到了很好的市场反响，在全国家居类图书中名列前茅，深受广大装修业主以及设计师的喜爱。

在这两套畅销书的基础上，我们再次进行了深入的市场调研，结合大众的实际需求，隆重推出本套《家装详解参考大全2000例》系列图书。本套图书仍以家庭装修中的材料为出发点，收集了2000多例经典家居图片，涵盖家居的各个功能空间，涉及了各种材质，包括地板、地砖、墙砖、橱柜、洁具等主材；水泥、沙石等多种辅料；以及灯具、布艺等后期装饰材料，并对大家通常关注的材料材质进行了详细的注释。

书中不仅提供了各种材料的特性简介、选购窍门、省钱妙招等实用知识，而且对如何打造绿色、健康、旺家的家居环境给出了诸多温馨的小贴士。如果您在装修的过程中遇到材质辨别、材料选购、健康宜忌以及旺家风水等问题，都可以在此书中找到答案。

家庭装修对于每个家庭来说，都是营造美好生活的一件大事，只有掌握基本常识、了解其中的规律，才能使装修过程少留遗憾。因此，在装修时如果能够恰当地运用各种材料，可以把家居空间装修得更加高档，让房间的功能、空间及艺术性得到充分的体现。

我们每一套图书的问世都是经过充分的调研和分析的，希望读者看到的是知识细化而又全面、信息量丰富而又物美价廉的家居图书。我们也会吸纳以往图书的精髓，把今后的每套图书做得更好。

中国轻工业出版社
生活图书事业部

CONTENTS 目录

玄关 05　　走廊 23　　餐厅39

Tips 宜忌贴士

Tips 宜忌贴士

家装详解
参考大全2000例

玄 关

一、 材料选购

1.筒灯的选购

光源发射方向：因为筒灯是属于定向式照明灯具，只有它的对立面才能受光，光束角属于聚光，光线较集中，明暗对比强烈。更加突出被照物体，流明度较高，更衬托出安静的环境气氛。所以，可以检查筒灯的光源发射方向来检测此产品是否为质量合格的产品。

照明途径：一般来说，包括间接照明与直接照明。而筒灯属于直接照明，是光线通过反射罩直接射出的，这样灯具效率达到85%左右。而竖式的筒灯其反射罩的深度比较深，属于深照型灯具，光束比较集中，有一定的聚光，允许距高比在0.7 ~ 1.2范围内。

尺寸：因为筒灯的型号、厂家很多，自然它们的尺寸也不一样，而一般常用的中号筒灯的尺寸为直径100毫米，高度80毫米。但是筒灯是先买再装(开孔的)，一般的尺寸是没有多少作用的。

胡桃木垭口　　白色乳胶漆

大理石拼花　　装饰画

白色混油饰面

成品珠帘

实木拼条

艺术壁纸

乳胶漆

艺术壁纸　　白色乳胶漆

石膏板吊顶　　艺术壁纸

白色混油饰面　　黄色乳胶漆

白色混油饰面　　白色乳胶漆

艺术壁纸　　广告钉　　黑晶玻璃

装饰玻璃　　成品实木矮柜

白色混油　　磨砂玻璃

艺术玻璃　　白色混油饰面

3D背景墙装饰　　　　装饰镜面

实木饰面矮柜　　　　成品珠帘

玄关门口不宜有哪些物品

　　大门是房屋的面子和气口，本来就应该保持干净和整洁，才能给住宅带来好的运程。如果大门口还堆着一些破坏风水的物品，就好比人的脸没洗一样，会给宅运带来很大的影响。一是门口不能有土堆、瓦砾、枯枝败叶一类的东西，这些东西会减损家中财运，影响大门附近的祥瑞之气。二是门口千万不能有垃圾堆，如果是自发形成的垃圾堆，应及时清理并向邻居说明，自己还应以身作则，倒垃圾时走远一点；如果是物业设的垃圾桶就在你家门前，可以跟物业说明移动一下，或者门外挂一面镜子化解，因为垃圾秽气很重，对家人健康的危害很大。另外有的人喜欢大门口堆鞋子，方便进出换鞋，但是大门口的鞋子一定要堆放整齐，旁边最好有鞋架，便于整理，鞋子不能放得太多，最好只是进出换穿的拖鞋。因为鞋子是人穿在脚上四处行走的物品，堆多了浊气也会很重，不利于宅运，而且鞋子须经常消毒、清洗，保持卫生，更有利于家人健康。

几何形镂空玄关隔断

石膏板吊顶　　　　发光灯带

白色混油门套　　　　　　壁纸

胡桃木饰面　　　艺术玻璃

实木花架　白色乳胶漆

实木拼条

镜面玻璃

射灯

镜面玻璃

白色混油

黑胡桃木拼条　　　　镜面玻璃　　　　实木饰面　　　　镜面玻璃

2. 水晶灯的选购

品牌标志：质量好的水晶灯会在每一个水晶饰面上均刻有品牌标志，只要在购买时仔细辨认清楚就可以看到。

外观：有些商家仿制的水晶灯的外观几乎可以与某些名牌灯饰相媲美，比如，在较大的水晶灯外围或显眼之处安装优质灯珠，而在灯饰内层或隐蔽之处则以次充好。所以在购买水晶灯时必须擦亮双眼才能防止上当。

垂饰规格：水晶灯的垂饰规格一定要统一，因为水晶灯之所以能绽放出耀眼夺目的光芒，显现出华丽尊贵的气质，都是因为一身通体晶莹的串串垂饰的作用。那些仿制水晶吊灯垂饰的孔若不标准，存在利边、磨损、大小不一等情况，不仅影响外观，而且极易崩裂。

清脆度、透明度：水晶实际上也是玻璃的一个种类，它是一种提纯品，按其含铅量的高低，价格有所不同。所以，在购买水晶灯时，要仔细通过水晶的清脆度和透明度，来识别品质好的水晶。

实木镂空隔断

装饰画　白色混油

白色乳胶漆　艺术墙贴

镜面玻璃　吊柜

水族箱   实木帘隔断

白色混油   艺术壁纸

成品珠帘   白色乳胶漆

白色混油   磨砂玻璃

装饰画   成品矮柜

鹅卵石　　复合木地板

白色乳胶漆　　　　地砖

实木地板　　榉木饰面板

白色混油　　黑晶玻璃

艺术造型装饰玻璃　　白色混油

白色乳胶漆　　　　喷绘玻璃

白色混油　　　　　白色乳胶漆

胡桃木隔断　　　　　白色乳胶漆

镂空雕刻隔断　　　　　地砖

玄关处应安装怎样的灯助宅运

　　玄关是指从室内到室外的过渡空间，在一般的住宅设计中，是指从大门到客厅的一个转折之处，进出住宅的人在这里脱鞋、换衣，短暂停留。玄关的装饰要特别注意，因为在这个位置空间虽小，但却是客人进入大门后首先看到的地方，某种程度上代表了住宅的门面。玄关处的灯一般采用吊灯或嵌到天花板里面的灯，最好选择圆形的灯，象征着阖家团圆美满。灯光宜采用白色，宜柔和，不宜过于明亮，白色代表了科学和理性，而在大门入口处的玄关不仅是人员出入的地方，同时在风水中也象征着财运、生气的出入口，因此选择代表理性的白色灯光，也预示着能以理性的态度对待生活的付出和收获，能合理地把持钱财。如果是黄色的灯光，就代表感性，感性有随意和犹豫不决的意味在里面，容易使人在一些本来应慎重考虑的事情上做出错误的决定，钱财也容易在非理性消费中消失殆尽。

白色混油　　彩色乳胶漆

艺术壁纸　　装饰画

彩色乳胶漆　　　　　　　　彩色裂纹玻璃

黑晶玻璃　　　艺术壁纸

实木门　　　白色混油

实木博古架　　　樱桃木隔断

橡木饰面　　白色混油

白色乳胶漆

白色混油

水晶吊灯

实木饰面

成品实木矮柜　　　　　　　白色乳胶漆　　　　　　　白色乳胶漆　装饰画

3.射灯的选购

在选择时主要注意其外形档次和所产生的光影效果，由于射灯是典型的装饰灯具，明亮程度上不予过多考虑。

下照射灯：它的特点是光源自上而下做局部照射和自由散射，光源被合拢在灯罩内，其造型有管式、套筒式、花盆式、凹形槽及下照壁灯等。

路轨射灯：大都用金属喷涂或陶瓷材料制作，其颜色有纯白、米色、浅灰、金色、银色、黑色等色调，而外形有长形、圆形，规格尺寸大小不一。这样射灯所投射的光束变化多样，可集中于一幅画、一座雕塑、一盆花、一件精品摆设等，可以设一盏或多盏，射灯外形与色调，应该尽可能与居室整体设计协调统一。

聚光、省电：射灯可以使光线集中，并且可以重点突出或强调某物件或空间，装饰效果明显。而且射灯的反光罩有强力折射功能，10瓦左右的功率就可以产生较强的光线。这样既可以聚光又可以省电。

装饰玻璃　白色混油

玻璃推拉门　　　　白色乳胶漆

艺术墙贴　　　　白色混油

彩色乳胶漆　　实木隔断

实木拼条隔断   白色混油

装饰画   艺术壁纸

白色混油   白色乳胶漆

彩色乳胶漆   白色混油

乳胶漆   石膏板吊顶

白色乳胶漆　　　　　　　　彩色乳胶漆　　　　　　装饰玻璃

烤漆玻璃　　艺术壁纸

乳胶漆　　　茶色玻璃

磨砂玻璃　　　白色混油　　　艺术玻璃　　　白色乳胶漆

白色混油　　　　　　　　　　　　　　奥松板

玄关顶部的灯应怎样排列

　　玄关因为是大门和客厅的过渡空间，也是进门之后展示门面的地方，因此玄关处布置灯光是非常有必要的。但是玄关顶部布置灯光不能随便胡乱布置，以为把这个地方照亮就可以了，而是要遵循一定的技巧来布置，这样方才有利于风水。比如把几盏筒灯或射灯安装在玄关顶部时，就要特别注意这几盏灯的组合排列了。一般说来，应该把它们排列成方形和圆形，象征天圆地方，天圆是天赐的一种美满幸福的象征，地方是脚踏实地、勤俭持家的象征，均有利于宅运。特别需要提醒的是，如果在玄关处布置三盏灯时，切忌将三盏灯布置成三角形，否则会影响住户的日常生活，常遭受意外之灾等。

艺术壁纸　　　　　　3D墙面装饰

马赛克饰面　　　　　　　　　　　成品珠帘

实木饰面隔断

白色混油　　　　　　艺术壁纸

艺术壁纸 　　 白色乳胶漆 　　 白色乳胶漆 　　 反光灯槽

实木垭口 　　 白色乳胶漆 　　 白色混油 　　 乳胶漆

艺术玻璃 　　 白色混油 　　 艺术壁纸

家装详解
参考大全2000例

走 廊

4.实木地板的选购

要注意材料的来源，还要注意检测木材的含水率，如果含水率高，在安装以后必然会变形。一般来说，在我国北方地区的实木地板含水率为12%，南方地区实木地板含水率也应该控制在14%以内。所以，选材时一定要注意实木地板的含水率与室内湿度相符合。还可以查看实木地板的加工精度，具体方法就是在平地上拼装8～12块实木地板。然后用手摸和眼观的方法来观察其加工精度是否平整、光滑、榫槽咬合是否合适。质量好的实木地板应不宜过松，也不宜过紧。

艺术壁纸   白色混油饰面

乳胶漆   发光灯带

艺术壁纸   白色混油饰面推拉门

白色乳胶漆 艺术玻璃推拉门

胡桃木饰面 艺术壁纸

白色乳胶漆

黄色乳胶漆

艺术壁纸

彩绘玻璃

白色乳胶漆　　艺术壁纸

艺术壁纸　　发光灯带　　　　装饰画

艺术壁纸　　　异型吊顶　　　白色乳胶漆

艺术墙贴　　　白色乳胶漆

白色乳胶漆　　镜面玻璃

乳胶漆　　　彩绘玻璃

成品珠帘　　　木格栅

异形吊顶　乳胶漆　　　　　　艺术壁纸　　木窗棂格

乳胶漆　　　发光灯带　　　　白色乳胶漆　艺术玻璃

乳胶漆　　　3D墙面装饰

白色乳胶漆　　艺术壁纸

奥松板　艺术壁纸

发光灯带 白色乳胶漆

艺术壁纸　　　彩色乳胶漆

艺术壁纸　　白色乳胶漆

艺术壁纸　　白色乳胶漆

走廊的灯光应怎样布置

　　走廊在风水上是社会地位和信用的象征，因此走廊的灯光布置首要注意的就是这个部位的光亮，最好是散光灯，照射的范围大一些，预示主人处于一个较高的社会地位，也象征主人的信誉度好。但现在小区住宅走廊都在室外，属于公共地带，是小区物业部门在管理。如果白天阳光能照射到走廊最好，如果不能照射到走廊或是晚上，最好设置长明灯，一是方便住户走路，另外也是为了有利于宅运。

　　安装走廊的灯也要注意一些问题。比如不宜选择五颜六色的灯光以形成一种虚幻迷离的感觉，简单选用黄色或白色的灯就好；另外，在灯的排列上，最好是一条直线，而不宜采用奇形怪状的排列方法；同时，还要注意的一点是走廊的灯的盏数不宜设置得太多，只要能够保证正常的照明即可。

镜面玻璃　　白色乳胶漆

镜面玻璃　　白色乳胶漆

白色乳胶漆　异型吊顶　　　　　白色乳胶漆　　艺术壁纸

彩色乳胶漆　　白色混油　　　　反光灯槽　　乳胶漆

异型吊顶　　手绘墙饰　　　　　鹅卵石

镂空雕刻装饰板　　　　　　乳胶漆

白色乳胶漆　　　黑晶玻璃

镜面玻璃推拉门

镂空雕花装饰隔断　　手绘墙饰

镜面玻璃　　　白色混油

乳胶漆　　　　　艺术壁纸

彩色乳胶漆　　　　　白色乳胶漆

5.釉面砖的选购

釉面：一般业主在选择釉面砖的时候，会看釉面的质量好坏来做决定。因为釉面砖主要是通过釉面的好坏来决定质量。如果釉面均匀、平整、亮丽、光洁、而且色彩一致，这就是质量好的产品，相反如果釉面的表面有颗粒、颜色深浅不一、不光洁、厚薄不均，有的甚至还会出现凹凸不平、有云絮状的产品是不能购买的。

陶胎：在选购釉面砖的时候，还应该注意其陶胎尺寸规范与否、周边是否平整，而且同一规格釉面砖的厚度尺寸差值不应超过2毫米，质量好的釉面砖的厚度一般都在8毫米以上。而且其釉质均匀光滑，色差也比较小。

实木饰面　　　　　　白色乳胶漆

胡桃木组合柜　　　　白色乳胶漆

白色乳胶漆　　　　　异型吊顶

艺术壁纸　　　　　　釉面砖

实木框装饰吊灯　　　　　白色乳胶漆

乳胶漆　　　　地毯

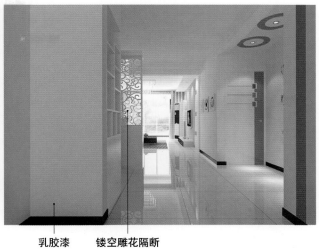

乳胶漆　　　镂空雕花隔断

白色乳胶漆　　　　　装饰吊灯

手绘墙饰　　　　　异型吊顶

乳胶漆　　　　　羊毛地毯

装饰画　　　　　　白色乳胶漆

木格栅　　　　　　　艺术壁纸　　　　　　　　乳胶漆　　　　黑晶玻璃

乳胶漆　　　　　实木地板　　　　　　　　乳胶漆　　　　艺术壁纸

乳胶漆　　　实木拼条　　　　　　　　木窗棂格造型　　　　文化砖

乳胶漆

艺术壁纸

石膏墙角线

胡桃木垭口

胡桃木隔断　装饰画

成品实木楼梯　　乳胶漆　　白色混油

6.玻化砖的选购

光洁度：将同一品种的两块玻化砖的光面放到一起，缝隙越小、结合得越紧密，那就表明光洁度越好。光洁度越好，就说明玻化砖的生产工艺越高。

砖体颜色：一般来说，玻化砖经过全瓷化处理之后，表面和坯体的颜色都是均匀一致的。所以在购买玻化砖的时候，从砖体的侧面就可以看出是不是玻化砖。

掂分量：一般的砖体密度、硬度都较高。所以，只要掂一下砖的分量，就能分辨出其好坏。如果是单块厚度为10～12毫米，规格在800毫米×800毫米的玻化砖质量会在15千克左右，不过业主要注意，并不是玻化砖越重就越好，还要在实际铺设中考虑它的方便性和适宜程度。

环保：人们越来越重视环保，所以购买玻化砖的时候还要看产品的相关质检报告，尤其是看产品中具有辐射性的氡含量是否超标。

艺术玻璃推拉门　　　　白色乳胶漆

胡桃木格栅　　　　　　　　　　乳胶漆

石膏墙角线　　　　　　乳胶漆

干挂大理石　　　　中密度板离缝

磨砂玻璃　　　　装饰画

奥松板　　　镜面玻璃

榉木月亮门造型　　　装饰画

石膏板吊顶　　　装饰画　　　艺术壁纸

乳胶漆　　　欧式石膏柱

玻化砖　　　艺术玻璃　　　鹅卵石

石膏板吊顶

乳胶漆

白色混油

实木装饰板

乳胶漆

反光灯带　　　　装饰壁画　　　　釉面砖　　欧式石膏柱

家装详解
参考大全2000例

餐　厅

二、 省钱窍门

1.全面的装修认知

　　对于众多的消费者来说，装修是家庭生活中的一件大事，也是一笔不菲的开支，一不小心就有可能多花钱，所以，对装修有比较全面的认识是装修能否省钱的根本。

白色混油　　　水晶吊灯　　　乳胶漆

实木框玻璃推拉门

玻化砖　　　实木楼梯

壁纸　　　　　　　　　　　　　　白色混油拼条

实木装饰拼条

乳胶漆

白色混油

乳胶漆

复合木地板

乳胶漆　　　实木餐桌椅　　　复合实木地板　　　木质搁板　　　石膏板吊顶

玻璃推拉门　　　　　　　　　　　　实木饰面板　　　　　　　　　　　　乳胶漆

实木地板　　　　　　　　乳胶漆

釉面砖　　　　白色混油

镜面玻璃　　艺术壁纸

玻化砖　　　　石膏板吊顶

木格栅隔断　　　　　石膏板吊顶

石膏板吊顶　复合地板　白色乳胶漆

餐厅的灯光宜柔和

　　餐厅的灯光布置宜柔和或者稍亮，柔和的灯光有助于增添家庭成员用餐时的温馨气氛，创造有利于情感交流的氛围。餐厅的灯应以白炽灯为主，辅以台灯和壁灯，或者用可调光的灯。在就餐的时候用低亮度的灯光可以创造温馨舒适的就餐氛围，不过也不宜太亮，吃饭的时候人本来就在散热，如果餐厅的灯光过亮，室温会上升，令人大汗淋漓，影响品尝食物的心情和与同桌就餐的人之间相互交流的和谐气氛，因此太亮的灯光在就餐时是不可取的。但餐厅的灯光也切忌昏暗，昏暗的灯光使得周围的阴气加重，在风水上是不利的，会影响人的精神和心情，使人吃饭没有胃口，做事无精打采，并会进一步影响主人的运程，事业没有起色，受各方面的阻碍较多。因此，餐厅的灯光布置宜柔和，不宜太亮或者太暗。

镜面玻璃　　　　　胡桃木垭口

拼色花砖　　水晶吊灯　　艺术玻璃

烤漆橱柜门　　白色地砖

石膏板吊顶　　拼花地砖　乳胶漆　装饰壁画

玻化砖　　白色乳胶漆　　镜面玻璃

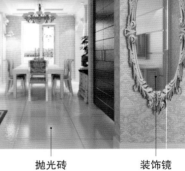

艺术壁纸　　抛光砖　　装饰镜

壁纸　　实木地板

实木地板　　胡桃木垭口

实木饰面隔断

乳胶漆

釉面砖

胡桃木饰面

白色乳胶漆

白色地砖

创意搁板　　　　　装饰珠帘　　　　　拼花地砖　　实木餐桌椅

白色乳胶漆　　石膏板吊顶　白色混油

白色乳胶漆　　实木地板

实木贴面　　　　　　　反光灯带　艺术墙贴

艺术壁纸　　　　　亚光地面抛光砖

釉面砖　　　　　石膏吊顶　　　发光灯带

镜面玻璃　　　　　白色地砖　　艺术壁纸

白色乳胶漆　　　白色地砖

镜面玻璃　　　　艺术壁纸

艺术玻璃　　　装饰画

装饰吊灯　　　白色乳胶漆

文化墙　　　　　　　　实木井字吊顶　　　釉面砖　　　百叶窗

白色乳胶漆　　　　胡桃木垭口　　　　　　　　铝扣板

中密度板离缝　　　白色混油　　　　　　干挂大理石　　　菱形镜面玻璃

白色乳胶漆　　　水晶吊灯　　　玻化砖　　　　　　发光灯带　　　　　白色乳胶漆

2.心中有数，装修不慌

很多人都知道，"家装"比购房累得多，但人们为了能有一个温馨的家，累并快乐着。我们期望中、规划中的家常常与实际装修后的家有很大差距，也就是不理想；实际投入的时间和精力超出了想象，可谓身心疲惫；预算只是预算，与实际花销不符，预算中的钱不断增加，甚至成倍地上翻，届时自己还无法解释。

业内人士认为，目前装饰领域内，新时尚、新潮流不断涌现，上述情况的出现主要是因为业主缺乏理性，对装修潮流的把握不到位所引起的。因此，了解装修潮流非常重要。

石膏板吊顶　　白色乳胶漆　　玻璃推拉门

白色乳胶漆　　　　　　艺术壁纸

人造大理石　　　　马赛克　　　　地砖

乳胶漆　　　　　　石膏板吊顶　实木地板

玻璃推拉门　　　镜面玻璃　　　　　　　　　艺术壁纸

拼花地砖　　黑晶玻璃　　　　实木饰面板　　波打线　实木拼条装饰　白色地砖

白色乳胶漆　　石膏板吊顶

复合地板　　马赛克　　　白色乳胶漆

装饰吊灯

白色乳胶漆

实木拼板饰面

镜面玻璃

实木地板

地砖　　　　　　艺术壁纸　白色混油　　　　　石膏板吊顶　艺术壁纸　　　地砖

木格栅造型隔断　　　　地砖　　　　水晶吊顶　　　　石膏吊顶

白色乳胶漆　　　　水晶吊灯　　　　釉面砖

仿大理石地砖　　　　白色乳胶漆

胡桃木条装饰造型　　　　实木地板

石膏板吊顶　　　　白色乳胶漆

石膏板吊顶　　釉面砖　　艺术壁纸　　马赛克　　　　　白色乳胶漆　　复合地板

拼花地砖　　欧式实木餐桌　　乳胶漆　　　　　　　　　　地砖　　乳胶漆

拼花地砖　　胡桃木垭口　　　　　波打线　　　　　磨砂玻璃

冰裂纹玻璃   文化砖   磨砂玻璃

地砖   乳胶漆

大理石踏步   地砖   壁纸

防火板台面   烤漆门板   复合地板

实木地板   黑晶玻璃

瓷砖　　　　　铝扣板　　　　　　　　装饰吊灯　　　　　亚光抛面砖

3D墙面装饰　　　　　实木地板　　　　地砖　　　仿古实木家具　　　白色乳胶漆

拼花地砖　　　白色混油垭口　　　艺术玻璃推拉门　　　　　　复合地板　　　白色乳胶漆

干挂大理石　　　　　镜面玻璃推拉门　　地砖

艺术壁纸　　　　木窗棂格造型

白色混油　　艺术壁纸　　地砖

玻化砖　　　　　乳胶漆

复合地板　　　石膏板吊顶　　磨砂玻璃

成品餐桌椅　　　　　地砖

艺术玻璃　　　　乳胶漆　　　　地砖　　　　白色混油　　　　异型吊顶　　　　复合地板

胡桃木垭口月亮门造型　　　　　　　　　地砖　　　　　　　艺术壁纸

3.选择适合的简约装修

如今，大多数的业主属工薪阶层，在经济实力较为不足的情况下，最适合进行经济型为主、实用舒适的家居装修。而简洁、清新的风格中带有一定文化品位的装修无疑是最佳的选择。此外，注重居室功能，整体构造简约、精致，家具造型简洁，做工细致，轻装修重装饰，体现饰品的高度工业化，有很强个性的家居装饰也是不错的选择，尤其最受年轻人喜爱。

从目前众多的装修案例来看，将房屋设计成"田园"者大有人在。事实上，在进行简约的家居装修之后，在细微处进行适当的改造，比如，摆放几棵常青花卉、悬挂天然的饰物、一张休闲的躺椅和精巧的木质茶几……这些举措都能提升家居的田园风格，会把浪漫情愫抒写到极致。

充分利用信手拈来的便宜东西，只要多花点儿心思，就能令其衍变出许多趣味，营造出纯净、温暖的氛围，特别是绿色植物，堪称画龙点睛的功臣。

菱形镜面装饰玻璃　　　釉面砖　　　石膏板吊顶

菱形镜面装饰玻璃　　　　　乳胶漆　　　白色混油

玻璃推拉门

烤漆门板

玻化砖

石膏板吊顶

白色混油

艺术壁纸

地砖

反光灯带　　　　地毯　　　　釉面砖　　　　3D墙面装饰　　　地砖　　乳胶漆

地砖　　　　乳胶漆　　　　　　　　艺术壁纸　　　奥松板　　　　地砖　　　实木踏步

玻化砖　　　　　　　实木拼条装饰　　　　　　瓷砖　　　PVC板　　艺术玻璃

白色乳胶漆　　　　实木地板

成品实木餐桌椅　　白色地砖　　乳胶漆

餐桌上方的吊灯有什么忌讳

　　一般在布置餐厅灯光时，为了就餐时的照明，都喜欢在餐桌上方布置吊灯，但在餐桌上方布置吊灯时，也要注意两个问题：一是吊灯不宜用烛形吊灯，烛形吊灯是指仿造蜡烛形状的灯具，好像在就餐时点上蜡烛一样，很有诗情画意，但实际上古代蜡烛往往用于丧葬或供奉神佛，如果是白色的灯光则更是不祥。如果是黄色的灯光会好一点，红色的灯光虽然貌似喜庆，但红光又容易使人产生扑朔迷离的迷幻感，也不太适宜。二是餐桌上方的吊灯尽量正对餐桌上方，灯光照在餐桌上，切记不能位于餐椅的正上方，否则人会被光束所伤，影响主人的运程，易遭受伤害，当然如果餐厅的灯具已经安装好了而正在餐椅上方，可移动餐椅的位置来化解。

亚光抛面砖　　　　白色混油

地砖　　冰裂纹玻璃　　文化砖　　　　　　石膏板吊顶

釉面砖　　　　　　　　　　　　　实木装饰吊顶　　　　　　　文化砖

装饰镜面　　　　　　　白色乳胶漆　　　干挂大理石　　　　　　　　乳胶漆

装饰画　　　艺术玻璃　　　　　石膏板吊顶　　　　　大理石地面　　镜面玻璃

防火台面　　　　　　　　乳胶漆　　　　　　　　实木脚踏　　　　　　　　装饰玻璃

玻璃砖　　石膏板吊顶　　　　白色地砖　　成品实木酒柜　　　玻化砖　　　　　　　　石膏板吊顶

PVC板　　釉面砖　　　　　　　　　　　　　镜面装饰

石膏板吊顶   白色地砖   乳胶漆

彩色乳胶漆   复合木地板

地砖   墙砖

玻化砖   石膏板吊顶   玻璃砖   装饰吊灯   干挂大理石   彩绘玻璃   波打线

乳胶漆

实木饰面隔断

仿古造型餐椅

复合地板

石膏板吊顶

艺术壁纸

玻化砖

玻璃推拉门　　　　　　乳胶漆

地砖　　　玻璃推拉门 石膏板吊顶

石膏板吊顶

成品实木柜

拼花地砖

复合地板　　　　　　乳胶漆

干挂大理石　　　松木拼条装饰　　实木地板

实木饰面　　　　　　复合地板

磨砂玻璃推拉门　　　乳胶漆　　　艺术壁纸

4.掌握装修要点

考虑装修档次、选择建材的时候一定要先考虑资金问题。房子是用来居住的，装修内容应紧紧围绕生活起居的方便展开，不能中看不中用，应尽量摒弃没有生活功能的纯装饰性设计，这既能最大限度地节省装修费用，还可在今后的使用中获得便捷感与舒适感。因此，装修过程中应牢记"实用才是硬道理"。

实木地板　　装饰画　白色混油

白色地砖　　奥松板　　　乳胶漆

玻璃推拉门　复合实木地板　艺术吊灯

奥松板　　　玻化砖　　　乳胶漆

白色混油　中密度板离缝　　　地砖

石膏板吊顶　　　　白色混油　乳胶漆

干挂大理石　　　地砖　　　异型吊顶

烤漆门板　　　人造石台面　　　黑晶玻璃

复合地板　　　　　奥松板刷白

石膏板吊顶　玻化砖　　　　白色乳胶漆

奥松板　　　　　复合地板　磨砂玻璃

乳胶漆　　　　　　　镜面装饰玻璃　白色地砖　　　　　　石膏板吊顶

樱桃木窗棂造型隔断　艺术壁纸　　　　　实木地板

轻钢龙骨隔断　　　　　　　　艺术壁纸

松木假梁　　　　　地砖

玻璃推拉门　　　　　　艺术壁纸

水晶橱柜门板　　　　地砖　　　　　　　　　　　　　　　　艺术墙砖

乳胶漆　强化复合地板　　镜面玻璃

地砖　　　　马赛克 晶钢橱柜门板

胡桃木垭口　　　镜面玻璃　　　胡桃木拼条装饰造型

复合地板　　　　镜面玻璃　　　　乳胶漆

白色乳胶漆　　　压白钢条

乳胶漆　　　实木拼条装饰造型　　　釉面砖

乳胶漆　　　黑胡桃木拼条造型　　　地砖

磨砂玻璃推拉门　　　地砖　　　石膏板吊顶

白色地砖　　　实木饰面　　　文化砖

艺术壁纸　　　乳胶漆　　　白色地砖

釉面砖　　艺术壁纸　　白色混油隔断

艺术壁纸　　白色地砖　　镂空雕刻装饰板

艺术壁纸　　　　　　　实木地板

黑晶玻璃　　　　　镜面玻璃　　轻钢龙骨隔断

地毯　　　　　石膏板吊顶

奥松板　　　　木格栅造型屏风　　实木地板

乳胶漆

复合地板

镜面玻璃

白色地砖

白色混油　　　　强化复合地板　　　　　乳胶漆　　　　　白色地砖　　　　中密度板离缝

防火板台面   仿木纹橱柜门   白色混油

乳胶漆   玻化砖   白色地砖   乳胶漆

奥松板   地砖   磨砂玻璃   彩色乳胶漆

成品实木柜　　　　　　　　　　　　乳胶漆

欧式壁炉　　　　　镜面玻璃

白色混油　　　艺术壁纸　　　釉面砖

强化复合地板　　　乳胶漆

墙砖　　　　镜面玻璃　　　玻化砖

镜面玻璃

波打线

彩色乳胶漆　　　木质搁板

壁炉　　　白色混油

仿古墙砖　松木饰面吊顶　　　　地毯

白色混油　亚光抛面砖　水晶吊灯

艺术壁纸　　　　　　　地砖

白色混油　　　地砖　　　　艺术玻璃推拉门

白色混油　　　实木地板　　水晶吊灯

墙砖　　　　　波打线　　　　石膏板吊顶

马赛克　　艺术墙贴

瓷砖　　　　　铝扣板　　　　防火饰面板

白色混油

拼花地砖

成品水晶珠帘

复合地板

石膏板吊顶　　　　乳胶漆　　复合地板　　实木饰面装饰造型　　　　地砖

乳胶漆　　　　　　　地砖　　　　　　　文化砖

釉面砖　　　　　　　地毯　　　　　　　石膏板吊顶

乳胶漆　　　　　　　　　复合地板

大理石　　　　　　　成品实木酒柜

彩色乳胶漆　　　　　　　　　地砖

白色地砖　　　　　　　石膏板吊顶

奥松板　　　釉面砖　　　铝扣板　防火饰面板

玻璃推拉门　晶钢橱柜门板

白色地砖　　　　　石膏板吊顶　白色混油

胡桃木拼条装饰吊顶　　　复合地板　松木拼条吊顶

玻化砖　　　　　　　艺术壁纸

艺术壁纸　　　　文化砖

镜面装饰玻璃　　　　釉面砖

茶色玻璃　异型吊顶　复合地板

乳胶漆　　　　实木地板　　成品实木酒柜

成品珠帘　　　　实木地板

强化复合地板　艺术玻璃推拉门　白色混油

6.墙面、立面如何省钱

墙外省。对于隐蔽项目所涉及的材料，如埋入墙内的电线和水管等，一定要选择品质好的，决不能贪图便宜，否则一旦出现问题，将会付出很大代价。而挂在墙上的装饰品、窗帘、灯具等，则可以选择相对便宜的，即使坏了，修理起来也比较方便，时间长了进行更换也不会太心疼，而且装修时还能节省一部分资金。

立面省。在家里，人与地面接触的时间最长，所以，选择地面材料时要特别关注其品质，无论是卧室与客厅的木地板，还是厨房与卫生间的地砖，都应选择知名品牌的产品。而墙面的涂料与厨卫的墙砖，则可选择一般品牌的产品。由于地面只有一个面，而立面则有四个面，这样选购能够节省不少的资金。

瓷砖　　高光模压门板　　　　　　　　彩色乳胶漆

彩色乳胶漆　　　　石膏板吊顶　　　　　地毯

成品橱柜　　　　　　白色乳胶漆　实木地板

奥松板　　　　　　镜面玻璃　　　　黑晶玻璃

铝扣板

艺术瓷砖

拼花地砖

乳胶漆

白色地砖

松木格栅装饰造型　　　乳胶漆　　　拼花地砖　　　　　墙砖　防火台面板　　　　　　　　　　地砖

乳胶漆　　　　　　　　　铝扣板　　　高光模压门板　　釉面砖　　拼花地砖

地砖　　　　　　彩色乳胶漆

地砖　　　　　　　　　　　　　成品餐边柜

仿古家具　　　　　　　文化砖　　波打线

乳胶漆　　　　　地砖

实木花架　　艺术壁纸　　　　实木地板

实木线条装饰　　　　实木月亮门造型

白色混油

镜面玻璃

艺术壁纸

白色地砖

乳胶漆　　　　　仿古家具　　　　　定制实木门

茶色玻璃　　　　　玻化砖

波打线　　　　胡桃木装饰假梁

乳胶漆　　　　中密度板离缝

白色地砖　　　异型吊顶　　　　白色乳胶漆

艺术壁纸

地毯
强化复合地板

奥松板

釉面砖

波打线　　石膏板吊顶　　　　　　　　艺术壁纸　　　　　　玻化砖　　　　乳胶漆

仿古墙砖　　　　　　　　仿古家具　　实木地板　　　　　木格栅造型

墙砖　月亮门装饰线条　　　　　地砖

文化砖　　装饰玻璃　　釉面砖　　　　　　　艺术壁画　拼花地砖　　镜面玻璃

白色混油　　乳胶漆　　　　　　　　　　　亚光抛面砖

餐厅里适宜摆放什么样的植物

　　餐厅是家人用餐的地方，摆放点植物能净化餐厅的空气，营造良好的氛围，增加人的食欲。餐厅摆放的植物最好是观赏性很强的花卉，一般黄色的花卉如黄玫瑰、黄水仙，或者花色明亮如海棠、康乃馨等类型的花比较适合。餐厅最好不要放一品红、百合等香味浓郁的植物，香味太强烈反而会影响到人的食欲。另外，餐厅的植物不宜摆放在餐桌上，离餐桌要有一定距离，家人能远远看着、闻到淡淡的香味是最好的。餐厅的植物最好是小型盆栽或小花瓶安插的，还要注意保持植物的清洁卫生。

白色地砖　　　　　　中央空调　　　　　艺术壁纸

镜面玻璃　　　　　　玻化砖　　　　　　艺术壁纸

实木假梁　　　　　　地砖

复合地板　　　　　　乳胶漆

7.怎样才能把钱花在"刀刃"上

量力而行，砍价有度。通常情况下，装修公司的毛利率是工程总造价的10%～20%，消费者可进行适当的砍价。如果消费者想节省开支，可认真查看装修公司的报价单，删去一些可要可不要的项目。

合理设计，装修到位。一般来说，装修前一定要留出足够的时间把设计、用料、询价和预算做到位，前期准备得越充分，装修速度可能越快，资金的浪费现象也可能降低到最低限度。

消费者在收到工程图和报价单后，一定要仔细阅读，看看是否漏掉了装修项目，如漏掉窗帘、少报一扇门等等。如果报价单里缺少需要的装修项目，到最后肯定还是要超出预算的。事实上，设计师会将居室的功能、装饰、用材等统统标注在施工图上，并可经过修改达到消费者满意。

用料做工，清楚明白。有些装修公司为降低成本，往往在代购材料时以次充好，牟取暴利。所以，对于装修公司提供的图纸和报价单，消费者一定要让装修公司列出项目的尺寸、做法、用料(型号、品牌)、报价等，免得日后发生纠纷。

在采购材料时，一定要货比三家，并尽可能找懂行的工人同去，以便选购到质优价廉的材料。此外，委托装修公司选购建材也是可行的。装修公司在选材上有固定的网点，由于经常大批量选购材料，质量稳定，价格也相对较低。

艺术壁纸　　　　PVC板　　　　复合地板

高光模压门板　　　　　　地砖

烤漆门板　　　　茶色玻璃

波打线　　　　石膏板吊顶　　磨砂玻璃

乳胶漆　　　　实木饰面　　　　石膏板吊顶　　　　　　　玻化砖

石膏板吊顶　　　　大理石台面

艺术壁纸　　　　　　　釉面砖

镜面玻璃　　　　波打线

釉面砖　　艺术壁纸

PVC板   石膏板吊顶   亚光抛面砖   乳胶漆

马赛克   玻璃推拉门   晶钢橱柜门板

波打线   磨砂玻璃

装饰画   异型吊顶